ARITHMÉTIQUE

MISE

A LA PORTÉE DE TOUT LE MONDE.

——◦◦◦——

MÉTHODE

APPUYÉE SUR LES PRINCIPES;

RENDANT INUTILE L'USAGE DE LA TABLE DE PYTHAGORE, ET PAR
CONSÉQUENT IMPOSSIBLES LES DIFFICULTÉS QUI EN DÉCOULENT,
TELLES QUE LES RETENUES SUCCESSIVES DANS LA MUL-
TIPLICATION, ET L'HÉSITATION DANS LA DIVISION,

SUIVIE

De l'indication d'une règle facile pour découvrir à l'instant où se trouve l'erreur dans
une division mal faite, et d'un moyen très-simple pour remplacer
la Table de Pythagore dans les calculs de tête et
même dans la multiplication écrite;

PAR A. BOISSIEU.

GRENOBLE,

CHEZ BARATIER FRÈRES ET FILS, GRAND'RUE; 4.

1858

ARITHMÉTIQUE

MISE

A LA PORTÉE DE TOUT LE MONDE.

—◦◦❈◦◦—

MÉTHODE

APPUYÉE SUR LES PRINCIPES;

RENDANT INUTILE L'USAGE DE LA TABLE DE PYTHAGORE, ET PAR
CONSÉQUENT IMPOSSIBLES LES DIFFICULTÉS QUI EN DÉCOULENT,
TELLES QUE LES RETENUES SUCCESSIVES DANS LA MUL-
TIPLICATION, ET L'HÉSITATION DANS LA DIVISION,

SUIVIE

De l'indication d'une règle facile pour découvrir à l'instant où se trouve l'erreur dans
une division mal faite, et d'un moyen très-simple pour remplacer
la Table de Pythagore dans les calculs de tête et
même dans la multiplication écrite;

PAR A. BOISSIEU.

GRENOBLE,

CHEZ BARATIER FRÈRES ET FILS, GRAND'RUE, 4.

—

1858

Propriété.

—

GRENOBLE, IMPRIMERIE DE C.-P. BARATIER.

AVIS ESSENTIEL.

Convaincus des difficultés inséparables de la Multiplication et de la Division pour les personnes peu habiles
dans la science des nombres, des hommes patients ont
cherché, depuis longtemps, à les simplifier et à les
mettre ainsi à la portée de tout le monde; mais, malgré
leurs généreux efforts, s'ils n'ont pas complétement
échoué, ils n'ont pas non plus entièrement réussi.

En effet, sans parler de l'abax employé de temps
immémorial chez les Orientaux, et des astrolabes connus
depuis plus de mille ans, le XVIIe siècle nous a donné,
par ordre de date : le compas de proportion de Galilée ;
les bâtons de Néper et ses logarithmes ; l'échelle logarithmique de Gunter, et la machine de Pascal. Le
XIXe, l'abaque de Léon Lalanne; les machines à calculer

de MM. Maurel et Jayet de Voiron, de Thomas de Colmar, et, enfin, comme preuve du besoin toujours croissant d'une méthode l'emportant en simplicité sur toutes les précédentes, l'ouvrage tout nouveau de M. Louis Tripier, avocat à la Cour impériale de Paris, et jurisconsulte distingué.

Tous ces hommes, recommandables par la profondeur de leurs connaissances, ont sans doute un droit réel à la faveur publique; mais ils n'ont pu arriver, par un chemin depuis longtemps battu, à un résultat ne laissant rien ou du moins fort peu à désirer.

Ainsi, le compas de proportion de Galilée, exigeant des connaissances mathématiques bien supérieures à celles du plus grand nombre, est encore connu, mais nullement en usage.

Les logarithmes de Néper sont hautement placés dans l'opinion des mathématiciens habiles et c'est justice; mais ils demandent beaucoup d'aptitude et, de plus, des tableaux. Ses bâtons sont très-ingénieux; on se passe avec eux de la table de Pythagore; mais à cette petite table devenue inutile, il faut en substituer une autre recommandable, sans doute, par sa simplicité, mais très-incommode par ses énormes dimensions.

L'échelle logarithmique de Gunter, d'un prix trop élevé et d'un usage assez difficile, peut être utile, mais seulement entre les mains d'un ingénieur, d'un chef d'industrie ou d'un contre-maître.

L'abaque ou compteur universel de M. Léon Lalanne,

tableau coupé en sens divers par un grand nombre de lignes quelquefois très-rapprochées, exige également beaucoup d'étude et surtout de bons yeux.

Quant aux machines, nous n'en parlerons pas; car sujettes à se déranger, elles peuvent compromettre ainsi l'exactitude des opérations.

Comme une méthode moins difficile devenait de jour en jour plus nécessaire, M. Tripier fit paraître en 1856 un livre ayant pour titre : *Plus de Multiplications ni de Divisions*. Certes, je n'attaquerai pas cet ouvrage, car ce serait presque attaquer le mien puisque c'est la même pensée qui a présidé à la naissance de l'un et de l'autre. Tous deux nous avons dit à nos concitoyens : *Savez-vous parfaitement votre table de Pythagore? notre méthode vous est inutile. L'avez-vous oubliée? la Division et la Multiplication sont-elles devenues pour vous choses difficiles et parfois impossibles? hé bien! nous vous donnons le moyen de suppléer au défaut de votre mémoire.*

Cependant il faut bien avoir trouvé une certaine différence entre les deux méthodes, pour se décider à donner la seconde, dans un moment où la première est encore dans tout l'éclat de sa jeunesse.

Dans la méthode en tableaux de M. Tripier, 1° les deux mains sont occupées, l'une, à suivre la ligne de chiffres assez éloignée où se trouvent les résultats partiels, l'autre, à les écrire; 2° lorsque dans la multiplication il y a six chiffres au multiplicateur et neuf au multiplicande, d'abord l'arrangement des résultats de chaque série présentant des difficultés, demande du temps et une assez grande attention, ensuite il y a dix-huit résultats partiels, et enfin, conséquemment, une addition passablement longue; 3° lorsque dans la division il se trouve plus de quatre chiffres, l'opération est impossible; 4° l'ouvrage est un in-8° de 334 pages, et cependant on doit toujours l'avoir avec soi; 5° enfin, cet ouvrage est beaucoup trop cher pour être vulgarisé.

Dans celle-ci, les résultats partiels sont placés sous les yeux de l'opérateur; les multiplications et les divisions se font et se présentent sous leur forme habituelle, et plus elles sont longues et difficiles, plus le nouveau procédé offre de sérieux avantages. Je n'ai point la prétention de dire que, par le moyen de cette méthode, les multiplications et les divisions se feront par enchantement; j'ose cependant affirmer qu'en la suivant, ces deux règles seront mises à la portée de tout le monde.

Je l'offre donc aux enfants et aux grandes personnes; je l'offre au pauvre comme au riche; à l'homme simple comme au savant; car la mémoire étant une faculté bien souvent refusée au mérite et à la science, on peut être instruit, même très-instruit, et cependant hésiter sur la table de Pythagore. (*Voir à la fin de l'ouvrage une petite histoire à ce sujet.*)

OPÉRATIONS ARITHMÉTIQUES.[1]

Les divers changements auxquels on assujettit les nombres s'appellent *opérations arithmétiques*.

Il y en a quatre : l'Addition, la Soustraction, la Multiplication et la Division.

PREMIÈRE PARTIE.

ADDITION ET SOUSTRACTION.

Addition.

1. L'Addition consiste à joindre ensemble différents

---

[1] En premier lieu je me proposais de donner purement et simplement une méthode sur les deux dernières règles de l'arithmétique; mais, suivant un conseil très-sage, je me suis décidé à y joindre les deux premières, afin de former un tout complet et d'éviter au lecteur de ce petit ouvrage la peine de recourir à d'autres sources.

nombres de même espèce pour en former un seul tout appelé somme ou total.

Ainsi chercher la somme des nombres 7, 2, 4 et 3, c'est additionner.

2. On appelle nombre de la même espèce ceux dont la dénomination est la même. Ainsi, 20 francs, 35 mètres, 18 litres sont des nombres d'espèce différente; par conséquent on ne saurait additionner des francs avec des mètres, des mètres avec des litres.

3. Lorsqu'un chiffre est seul, il représente des unités; s'il y en a plusieurs dans le nombre, le premier à droite est le chiffre des unités; le second, celui des dizaines; le troisième, celui des centaines, etc.

4. Pour bien poser l'addition, Il faut avoir grand soin de placer dans chacune de leurs colonnes respectives et les unes exactement sous les autres, les unités, les dizaines, les centaines, etc., comme on le voit ci-dessous :

1er Exemple.	*2e Exemple.*
13465	456, 45
34	72, 28
589	16, 340
3	942, 454

5. Si le problème donné (1) se compose de nombres

---

(1) On nomme problème toute question à résoudre; or les quatre opérations arithmétiques sont des problèmes, puisque dans chacune d'elles on doit répondre à une question.

entiers comme dans le premier exemple, ou de nombres entiers et de nombres décimaux tout à la fois comme dans le deuxième, on commence toujours l'addition par les chiffres de la première colonne à droite, afin de pouvoir porter successivement dans les colonnes précédentes les dixièmes provenant de la colonne des centièmes; les unités, de la colonne des dixièmes; les dizaines, de la colonne des unités; les centaines, de la colonne des dizaines; les mille, de la colonne des centaines; ainsi des autres.

Exemple d'une addition en nombres entiers.

On demande le total des trois nombres suivants : 394, 746 et 7486.

Pour répondre à cette question, on commence par placer les trois nombres donnés les uns sous les autres, comme il est indiqué au nᵒ 4.

$$394$$
$$746$$
$$7486$$

Total 8626

Cela fait, on additionne les unités en disant : 4 et 6 font 10, et 6 font 16; or comme dans 16 unités il y a une dizaine plus six unités, on écrit les six unités et l'on retient la dizaine pour la joindre au rang des dizaines. A la seconde colonne, composée de dizaines, on dit : une dizaine de retenue et 9 font 10, et 4, 14, et 8, 22; mais dans 22 dizaines il y a deux centaines et deux dizaines, on écrit donc les deux dizaines et l'on retient les deux centaines pour les joindre aux centaines. On passe à la troisième colonne en disant : deux centaines de retenue et 3 font 5, et 7 font 12, et 4 font 16; et comme dans 16 centaines il y a un mille plus six centaines, on écrit les six centaines et l'on retient le mille pour le joindre au chiffre de la quatrième colonne en disant : 7 et 1 font 8. Ainsi, le total demandé est 8626.

6. Lorsque les nombres entiers sont accompagnés de nombres décimaux, comme dans le deuxième exemple, l'addition s'opère exactement de la même manière; seulement, le total étant trouvé, on sépare à sa droite par une virgule, un nombre de chiffres égal au plus grand nombre des décimales contenues dans l'une des sommes additionnées; ainsi, dans l'exemple donné, il faudrait en séparer 3, puisque les nombres 16, 340 et 942, 454 en ont 3.

De la Preuve.

7. La preuve d'une opération arithmétique est une seconde opération destinée à rassurer l'opérateur sur l'exactitude de la première.

Il y a plusieurs manières de faire la preuve de l'addition; mais la plus simple, la plus rapide est, sans contredit, la suivante :

Après avoir fait l'opération, comme il est expliqué au n° 5, et avoir écrit le total, on tire un trait sur l'un des nombres additionnés, et refaisant ensuite l'addition des autres on trouve une seconde somme; or, si en joignant à cette seconde somme le nombre effacé on obtient un total semblable au premier, l'opération a été très-probablement bien faite.

Exemple :

$$
\begin{array}{r}
7468 \\
\text{--}\,396\,\text{--} \\
529 \\
\hline
8393 \\
7997 \\
396 \\
\hline
8393
\end{array}
$$

Total . . . .

Ayant donc à additionner 7468, 396 et 529, ces trois sommes ont donné pour total : 8393. Or, pour s'assurer de l'exactitude de l'opération, on efface le nombre 396, on additionne 7468 et 529, et à 7997 nouveau total trouvé, on joint le nombre effacé, 396, et si l'opération a été exacte, ces deux sommes réunies donneront un résultat semblable au premier, c'est-à-dire 8393 (1).

_____

(1) Lorsque l'on connaît la soustraction, la preuve est encore plus facile; car il suffit de soustraire le second total du premier, et si l'opération est bonne, la différence entre ces deux nombres est le nombre effacé.

Soustraction.

8. La Soustraction est une opération par laquelle on retranche un petit nombre d'un plus grand, afin de connaître la différence existante entre eux.

Ainsi, chercher de combien 48 surpasse 32 c'est soustraire, puisque pour le savoir il faut retrancher 32 de 48.

9. Le résultat de la Soustraction se nomme reste, excès ou différence.

10. Pour opérer la Soustraction, on écrit d'abord le nombre le plus faible sous le nombre le plus fort; ensuite on ôte des unités de ce dernier celles du nombre inférieur, ayant soin d'écrire le reste au-dessous et dans la même colonne; enfin l'on agit de même pour tous les autres chiffres.

Lorsque le chiffre inférieur est ou devient égal au chiffre supérieur, il y a entre eux balance, et par conséquent on écrit zéro dans la ligne des restes.

Exemple :

Soit à trouver la différence entre 6539 et 3234 :

$$6539$$
$$3234$$
$$\overline{}$$

Différence . . . 3305

Après avoir disposé les chiffres comme il est dit plus haut, commençant par la droite, je dis : 4 ôtés de 9, reste 5 que j'écris au-dessous; 3 ôtés de 3, reste 0; 2 ôtés de 5, reste 3; enfin, 3 ôtés de 6, reste 3. Ainsi la différence cherchée est 3305.

11. Lorsque le chiffre inférieur est plus fort que le supérieur, afin de pouvoir opérer la soustraction on emprunte au chiffre immédiatement à gauche une unité dont il perd réellement l'usage; et comme cette unité en vaut 10 de la colonne dans laquelle on opère, la difficulté se trouve surmontée.

Exemple :

Soit : 872 à ôter de 965 ;

$$965$$
$$872$$

Différence 93

Je dis : 2 ôtés de 5, reste 3; 7 ôtés de 6 ne se peut; alors j'emprunte au 9 immédiatement placé à la gauche du 6 une unité valant 10 dizaines; or 10 et 6 font 16, d'où 7 étant ôtés il reste 9; et comme ce 9 auquel j'ai emprunté une unité ne vaut plus que 8, je dis : 8 ôtés de 8, reste 0. La différence est : 93.

12. Si le chiffre sur lequel on doit emprunter est un zéro, comme il n'a rien et ne peut conséquemment rien prêter, il faut faire l'emprunt au chiffre placé à sa gauche; mais l'unité empruntée valant 10 dizaines, on en laisse neuf sur le zéro et l'on ajoute la dixième au chiffre trop faible.

Exemple :

Soit : 485 à retrancher de 503.

$$503$$
$$485$$
Différence . . . 18

Comme on ne saurait ôter 5 de 3 ni emprunter sur le zéro, on emprunte sur le 5 une centaine qui vaut dix dizaines; on en laisse neuf sur le zéro, et joignant la dizaine restante aux trois unités, on obtient le nombre 13, duquel ayant ôté 5 il reste 8; ôtant ensuite 8 des neuf dizaines laissées sur le zéro il reste 1; et le 5 ne valant plus que 4, le reste est 18.

13. Si enfin le chiffre trop faible est précédé de plusieurs zéros : 1° on emprunte sur le premier chiffre significatif de gauche une unité; 2° on la réduit en une dizaine de l'unité immédiatement inférieure et on en laisse neuf à ce rang; 3° on réduit l'unité conservée en une dizaine de l'ordre inférieur suivant, et ainsi de suite jusqu'au dernier chiffre auquel on ajoute la dernière dizaine.

Exemple :

Soit : 2427 à retrancher de 3000.

$$3000$$
$$2427$$
Différence . . . 573

Ne pouvant ôter 7 de 0 ni faire aucun emprunt sur les

deux zéros suivants, je le fais sur le 3 ; or cette unité valant dix centaines, j'en laisse neuf sur le premier zéro ; l'unité restante valant dix dizaines, j'en laisse également neuf sur le deuxième zéro, et alors il reste une dizaine de laquelle ôtant 7, il reste 3 ; et comme les deux zéros à sa gauche comptent pour 9, je dis : 2 ôtés de 9, reste 7 ; 4 ôtés de 9, reste 5. La différence cherchée est donc 573.

DES NOMBRES DÉCIMAUX.

14. La soustraction des nombres décimaux se fait comme celle des nombres entiers, ayant soin, toutefois, si l'opération en renferme des uns et des autres de les séparer par une virgule.

Exemple :

$$566, 28$$
$$345, 24$$

Différence . . . 221, 04

15. Si le nombre des chiffres décimaux n'est pas le même, on ajoute une quantité suffisante de zéros pour rendre les deux sommes égales.

Exemple :

Soit : **456, 345** à soustraire de **567, 4.**

$$567, 400$$
$$456, 345$$

Différence . . . 111, 055

Le nombre à soustraire ayant des millièmes et le nombre supérieur des dixièmes, en ajoutant des zéros, j'ai rendu les décimales de même espèce dans les deux nombres : car 4 dixièmes égalent 40 centièmes, et 40 centièmes, 400 millièmes.

De la Preuve.

16. La preuve de la Soustraction est bien simple ; elle se fait par l'addition de la plus petite quantité avec la différence et, si la somme obtenue égale la plus grande, l'opération est exacte ; attendu que, quand on compare deux nombres entre eux, le reste ajouté au plus petit donne une somme égale au plus grand.

Exemple :

$$67485$$
$$46742$$

Différence . . . 20743

Preuve 67485

DEUXIÈME PARTIE.

MULTIPLICATION ET DIVISION.

Multiplication.

17. La Multiplication, quelle que soit la méthode employée, est une opération dans laquelle deux nombres étant donnés on en compose un troisième qui soit à l'égard du premier ce que le deuxième est à l'égard de l'unité.

. Ainsi, si le deuxième égale vingt fois l'unité, le nombre cherché égalera vingt fois le premier; si le deuxième n'égale que la vingtième partie de l'unité, le nombre cherché n'égalera que la vingtième partie du premier.

18. Le premier nombre s'appelle multiplicande, le deuxième, multiplicateur, ce sont les facteurs de l'opération; quant au troisième, il se nomme produit.

19. D'après la définition donnée, multiplier un nombre par 1, c'est le prendre une fois; le multiplier par 5, 7, 9, c'est le prendre 5, 7, 9 fois. Mais, pour

2

faire cette opération , il faut d'abord, nécessairement savoir , par cœur , la table de multiplication dite *table de Pithagore*.

Or, cette table de Pythagore, si difficile à apprendre et si facile à oublier va devenir inutile au moyen de cette méthode, que sa simplicité rend accessible à tous.

20. Le but de la table de Pythagore est de rendre la multiplication plus facile, en gravant dans la mémoire les différents multiples de chaque unité simple multipliée par les autres unités simples: mais pour en retirer quelque avantage, il faut la savoir parfaitement, car des retenues successives en étant la suite obligée, la moindre hésitation peut faire perdre de vue le nombre retenu, et, dès lors, la multiplication est un véritable combat où toutes les forces de la mémoire, mises en jeu, exigent une attention extrêmement soutenue où la tête se fatigue, et l'opérateur se lasse au point de laisser de côté cet ingrat exercice, d'abord pour lui difficile et plus tard impossible.

Or, en dehors de la table de Pythagore, il y a un moyen bien simple pour trouver et réunir, dans un petit tableau très-facile à composer, tous les multiples de l'un des deux facteurs de l'opération dont on s'occupe, et ce moyen le voici :

21. Soit à trouver tous les multiples du nombre 58976 par chacune des unités simples.

D'abord , afin de rendre l'ancienne méthode inutile même dans ce qu'elle a de plus facile, j'écris le nombre proposé , je l'additionne à lui-même et le résultat est le produit de ce nombre par 2. Ainsi j'ai deux lignes que j'additionne ensemble, pour former un troisième résultat qui est le produit du nombre proposé par 3 , puisque ce nombre est pris trois fois. Je continue à additionner la première ligne avec la dernière, et j'ai successivement le produit du nombre 58976 par 4, par 5, par 6, jusqu'à 10; c'est-à-dire, je réunis dans un tableau les divers produits du multiplicande proposé, par les dix premiers nombres; or c'est en cela que consiste toute la méthode.

DE LA FORMATION PRATIQUE· DU TABLEAU.

22. Quoique la théorie paraisse facile à saisir, la pratique jettera sur elle un nouveau jour.

Soit donc à former le tableau dont le nombre 58976 sera la base.

Ce tableau peut se former de deux manières.

1re Manière :

58976		
58976	——	1
117952	——	2
176928	——	3
235904	——	4
Preuve 294880	——	5
58976		
471808	——	8
530784	——	9
Preuve 589760	——	10

2e Manière :

58976	——	1
117952	——	2
176928	——	3
235904	——	4
Preuve 294880	——	5
353856	——	6
412832	——	7
471808	——	8
530784	——	9
Preuve 589760	——	10

Pour la première manière, assez commode en commençant, il faut prendre une petite bande de papier sur la partie inférieure de laquelle on écrit le nombre à multiplier; puis, approchant ce papier du multiplicande, en ayant soin de placer exactement sur une même ligne les chiffres du même ordre, comme on le voit dans le 1er exemple, on fait l'addition des deux nombres dont la somme 117952 est le multiple de 58976 par 2. On descend ensuite le papier entre les deux premières lignes, et l'on fait l'addition dont le total 176928 représente 58976 multiplié par 3. Enfin, on le place successivement entre la deuxième et la troisième, entre la troisième et la quatrième, entre la sixième et la huitième, comme dans l'exemple ci-dessus, et par ce moyen bien simple, c'est-à-dire l'addition de deux chiffres se trouvant toujours très-rapprochés, on parvient, en quelques instants, à composer son tableau sans avoir besoin de la table de Pythagore et sans autres retenues que les retenues ordinaires à une addition de deux chiffres. Cependant le tableau fait, tout est fait; puisque les difficultés inhérentes à la multiplication, d'après l'ancienne méthode, étant surmontées, et tous les multiplicandes partiels écrits, il suffit de copier, comme nous le verrons dans le numéro suivant.

Dans la seconde manière, on ne se sert pas du papier; mais, supposant le multiplicande écrit deux fois, l'on dit : 6 et 6 font 12; 7 et 7 font 14 et 1 de retenue 15;

9 et 9 18 et 1 de retenue 19 ; 8 et 8 16 et 1 de retenue 17 ; enfin, 5 et 5 10 et 1 de retenue 11 ; et, par cette addition en quelque sorte simulée on obtient le nombre 117952. Or, depuis là jusqu'à la fin, on additionne la ligne inférieure avec la ligne supérieure, opération très-facile, après quelques instants d'exercice, puisque les deux nombres à additionner se trouvant toujours aux deux extrémités, il ne saurait y avoir confusion. Enfin, le tableau étant terminé, on tire un petit trait à la droite de chaque multiple et l'on y écrit l'unité simple par laquelle le multiplicande a été multiplié (1).

De la Preuve du tableau.

23. On a dû remarquer que le tableau porte sur sa gauche deux fois le mot *preuve*. Or en voici la raison :
Comme l'exactitude de l'opération dépend nécessai-

---

(1) Toutefois, comme le seul but de cette opé-	46
ration est de distinguer les multiples les uns	92
d'avec les autres, on peut également l'atteindre	138 — 3
en n'en écrivant qu'une partie : 3, 5, 7 et 9 par	184
exemple ; car, en effet, les deux premiers ne	230 — 5
peuvent être confondus, et les multiples 4, 6 et	276
8 sont suffisamment indiqués par les chiffres	322 — 7
placés au-dessus et au-dessous.	368
	414 — 9
	460

rement de celle du tableau, il est bon, pour être à peu près sûr de son coup, de s'assurer s'il ne s'y est pas glissé d'erreur; or, cela paraît clairement à la cinquième et dixième ligne.

En effet, le nombre placé en cinquième ligne représente le multiplicande multiplié par 5; et comme pour multiplier un nombre par 5 il suffit d'en prendre la moitié de gauche à droite et d'y ajouter un zéro si le dernier chiffre du multiplicande est pair et un 5 s'il est impair; dès qu'on est arrivé là, on examine si la somme trouvée est réellement la moitié du multiplicande plus un zéro ou un 5, pour la raison dite plus haut; et s'il en est ainsi, jusque-là le tableau est juste.

Le nombre placé en dixième ligne est inutile pour la multiplication, car elle ne se fait que par les unités simples; mais il est utile au tableau comme preuve. En effet, un nombre multiplié par 10 étant le nombre lui-même plus un zéro, on peut voir de suite si l'opération entière est exacte.

APPLICATION DU TABLEAU A LA MULTIPLICATION.

24. Soit à multiplier 85472 par 58976 :

85472	58976
————	117952
117952	176928 — 3
412832	235904
235904	294880 — 5
294880	353856
471808	412832 — 7
————	471808
5040796672	530784 — 9
Preuve 471808	————
————	589760
322716	————
294880	Quotient 85472
————	
278366	
235904	
————	
424627	
412832	
————	
117952	

Le tableau étant formé, comme il a été dit au n° 22, je commence l'opération par 2, premier chiffre de droite du multiplicande (1) et comme je trouve tout

_____

(1) Dans la méthode usitée aujourd'hui, on choisit pour

écrit dans le tableau le produit qu'il donnerait par l'ancienne méthode, au lieu de dire : 2 fois 6 font 12; 2 fois 7 font 14 et un de retenue 15, etc.; je copie purement et simplement le nombre 117952; et comme les produits de 58976 multiplié par 7, 4, 5 et 8 s'y trouvent également, je les écris les uns au-dessous des autres, ayant soin de placer, selon les règles, les dizaines sous les dizaines, les centaines sous les centaines, etc. ; puis, enfin, je fais l'addition de toutes les opérations partielles, et j'ai pour résultat la somme de 5040796672.

La chose est, je crois, assez claire, et un second exemple serait superflu.

De la Preuve de la Multiplication.

25. La preuve la plus naturelle de la multiplication est la division ; et quoique pour procéder logiquement le moment d'en parler ne soit pas encore venu , cependant comme d'un côté ces deux opérations n'ayant ensemble qu'un même tableau sont par cela même entièrement liées , et comme de l'autre la division est des plus faciles, j'ai cru pouvoir en dire un mot en passant.

Ayant trouvé pour total des opérations partielles de

---

multiplicateur le plus petit des deux facteurs; dans celle-ci, c'est tout l'opposé; car le multiplicande étant la base du tableau, on prend le nombre le moins fort, et l'autre, de multiplicande, devient multiplicateur.

la multiplication 5040796672, j'ai dû m'assurer de son exactitude de la manière suivante :

1° J'ai pris 58976, multiplicande de la première opération, pour diviseur de la seconde; et ayant séparé à la gauche du produit de la multiplication devenue dividende, un nombre suffisant de chiffres pour contenir mon diviseur, j'ai trouvé pour premier dividende partiel : 504079. Or un seul coup d'œil au tableau m'a donné la certitude que ce dividende se trouvait entre 471808 et 530784, et comme ce dernier était trop fort, il en résultait nécessairement que 471808 était le nombre cherché, et 8 le chiffre du quotient; 2° après avoir écrit le nombre 471808 sous le dividende 504079, j'ai fait la soustraction et à la droite de la différence, descendant le septième chiffre du dividende général j'ai eu, pour second dividende partiel, 322716. Or, suivant ici la marche que j'ai indiquée plus haut, j'ai reconnu que le chiffre du quotient était 5 puisque le nombre le plus rapproché de 322716 est le multiple de 58976, par 5; 3° enfin, agissant de même autant de fois qu'il restait de chiffres dans le dividende général, et trouvant au quotient tous les chiffres du multiplicateur, j'en ai conclu que ma multiplication avait été bien faite.

On pourrait il me semble à la rigueur s'en tenir là par rapport à la division dont on vient de voir le mécanisme d'une manière assez claire; cependant j'en parlerai en son lieu, après avoir répondu à quelques objections qui m'ont été faites et me seront certainement faites encore.

Première objection. — Votre méthode est bonne dans les grandes opérations, mais dans les petites elle perd de ses avantages.

Réponse. — Cette objection me paraît peu logique, car d'après l'axiôme : *qui peut plus peut moins*, il serait assez extraordinaire qu'une méthode bonne dans les difficultés ne le fût pas dans des circonstances plus favorables. D'ailleurs, si l'on veut bien se reporter aux quelques mots placés au commencement de ce petit livre, on verra qu'il n'existe que pour ceux qui, ayant oublié la table de Pythagore, doivent trouver des difficultés dans les petites comme dans les grandes opérations. Toutefois, si par petites opérations on entend, par exemple, 4 à multiplier par 2, je suis du même avis, car on n'a pas besoin d'échelle pour entrer au rez-de-chaussée.

Deuxième objection. — Les personnes habituées au calcul n'accepteront pas cette méthode.

Réponse. — Je l'ai toujours pensé puisque, comme je viens de le dire, je n'ai jamais eu en vue que celles qui ne l'étaient pas. Du reste, le nombre des habiles n'est pas bien grand, et, sur trente-cinq millions de Français, en admettre un million c'est peut-être beaucoup.

Troisième objection. — Lorsque les chiffres du multiplicande et du multiplicateur sont en nombre égal, il en faut plus pour le tableau seul que pour le reste de l'opération.

Réponse. — Cela serait vrai si l'on ne considérait que

la première opération , c'est-à-dire la multiplication ;
mais comme la preuve en est une partie essentielle et
comme le tableau sert à l'une et à l'autre, l'objection
tombe d'elle-même.

Quatrième objection. — Enfin, lorsque le multiplicande n'a que trois ou quatre chiffres et le multiplicateur deux , il paraît peu naturel de faire précéder
l'opération d'un tableau aussi long, dans lequel, surtout,
il se trouve un certain nombre de lignes inutiles.

Réponse. — Cette dernière objection aurait, sans
doute, quelque portée si le tableau était toujours le
même; mais il n'en est pas ainsi, car, plus le nombre
auquel il s'adapte est faible, moins il exige de temps et
de peine. D'ailleurs, dans ce cas, on n'est point obligé
de faire le tableau tout entier.

Exemple :

45324	49 — 1
	98 — 2
	147 — 3
	196 — 4
	245 — 5

On voit ici que le tableau ne descend pas au-dessous
du multiple 5, et cependant il suffira tant pour la multiplication que pour la division, parce que le nombre
45324 ne renferme pas de chiffres au-dessus de 5.

S'il en renfermait quelques-uns , par exemple, si le
nombre multiplicateur était 4532489, n'ayant pas
besoin des multiples 6 et 7, lorsque l'on est arrivé à 5,

comme 5 et 3 font 8, on additionne les lignes 147 et 245, et le résultat est 392, multiple de 49 par 8. Ensuite on additionne 196 et 245 pour avoir le multiple par 9. De cette manière, il ne se trouve dans le tableau aucune ligne inutile.

Cependant si le multiplicateur ne se composait que de chiffres au-dessus de 5, il faudrait toujours écrire les cinq premières lignes; d'abord pour avoir une preuve d'exacte opération et, ensuite, parce que ces lignes sont indispensables pour la formation des autres.

Enfin, voici un dernier moyen dont l'application aux petites opérations complétera cette méthode de multiplication.

Soit à multiplier 4548 par 57 :

$$2 \qquad 57 \qquad 5$$
$$9096 \; — \; 4548 \; — \; 22740$$

1° On écrit le multiplicateur au-dessus du multiplicande ; 2° on multiplie le multiplicande par 5, c'est-à-dire on en prend la moitié en commençant par la gauche, ayant soin d'ajouter à cette moitié un zéro si le chiffre de droite est pair, et un 5 s'il est impair ; et ce produit du multiplicande par 5 on l'écrit à droite, comme on le voit dans l'exemple ci-dessus ; 3° on écrit à gauche le multiple de 4548 par 2, comme il est indiqué plus haut, page 20, deuxième manière de former le tableau, et cela fait, je le dis encore, tout est fait et il ne reste plus qu'à copier.

En effet, toutes les unités simples sont : 1, 2, 5, ou leurs composés ; ainsi 7 se compose de 5 et de 2 ; 8, de 5, de 2 et de 1 ; 4 se compose de 2 fois 2, etc. Or, cela étant, et ayant à ma disposition les trois nombres principaux 1 , 2 et 5 au moyen desquels je peux facilement former tous les autres, je fais l'opération de la manière suivante :

$$
\begin{array}{ccc}
2 & 57 & 5 \\
9096 \;\;\text{——}\;\; & 4548 \;\;\text{——}\;\; & 22740 \\
 & & 9096 \\
 & & 22740 \\
 & & \overline{259236}
\end{array}
$$

Le premier chiffre multiplicateur est 7 ; et comme 7 se compose de 5 et de 2, j'écris 9096, multiple de 4548 par 2, au-dessous de 22740, multiple du même nombre par 5, ayant soin de placer les deux lignes sur le même rang, puisqu'à elles deux elles ne représentent que le chiffre 7. Le second chiffre multiplicateur est 5 que j'écris tel que je le trouve à la droite du multiplicande ; mais comme dans le multiplicateur, 5 est le chiffre des dizaines, je recule son produit d'un rang vers la gauche comme cela se pratique dans la multiplication ordinaire. Enfin, je fais l'addition.

Quant à la preuve, elle peut se faire comme il est dit plus bas au n° 36.

Autre exemple :

2	9	5
13568718	— 6784359 —	33921795
		13568718
		13568718

$$\begin{array}{c} 9 \\ 9 \times 9 \\ 6 \end{array}$$

61059231

Voilà une opération comme il s'en rencontre tous les jours dans le commerce, et qui, vu la valeur des chiffres, présente une réelle difficulté à celui qui ne possède pas parfaitement la table de Pythagore. Or, par l'emploi de cette méthode, elle devient tellement facile, qu'elle est à la portée de la personne la moins favorisée du côté de la mémoire.

Cependant, comme ce moyen perdrait de ses avantages si au lieu d'un ou de deux chiffres, le multiplicateur en avait un plus grand nombre, on peut aisément les lui conserver en plaçant d'une autre façon le multiplicande et ses deux produits.

Exemple :

87468	—	1
437340	—	5
174936	—	2

Au lieu d'écrire 437340 et 174936, produits de 87468 par 5 et par 2, à la droite et à la gauche de ce nombre, comme il est indiqué plus haut, on les écrit au-dessous, ayant soin de placer sur une même ligne tous les chiffres de droite.

De cette manière, quelle que soit l'importance du

multiplicateur, on évite, et les difficultés de la table de Pythagore, et la peine d'écrire un trop grand nombre de chiffres ; attendu qu'au moyen de l'addition de deux des trois lignes ou des trois lignes ensemble, on peut former tous les multiples d'un nombre quelconque.

Exemple :

Soit à multiplier 87468 par 7568 :

```
    87468 — 1
   437340 — 5
   174936 — 2
   ─────────
   699744
   524808
   437340
   612276
   ─────────
   661957824
```

$$\begin{matrix} & 8 & \\ 3 & \times & 3 \\ & 6 & \end{matrix}$$

J'ai 8 pour premier chiffre multiplicateur ; or 8 se composant de 5, de 2 et de 1, je fais l'addition des trois lignes et la somme 699744 est le produit de 87468 par 8 ; pour 6, j'additionne les deux premières lignes ; pour 7, les deux dernières ; et pour 5, je l'écris comme je le trouve, puis je fais l'addition.

Or, cette opération est tellement facile, que si ce n'était l'embarras de la preuve, elle serait non pas seulement un moyen, mais une seconde méthode (1).

_____

(1) Si dans le multiplicateur se trouvait le chiffre 9 il faudrait, puisque les trois lignes réunies ne donnent que 8, ou répéter chaque chiffre du multiplicande, ou, ce qui est plus simple, l'écrire deux fois.

Aura-t-on encore quelque objection à faire contre ce dernier moyen? Cela est possible; parce que la difficulté inhérente à la multiplication est de la nature de celles qui ne peuvent entièrement disparaître; d'où il suit que si ordinairement il y a du temps gagné, si la tête se débarrasse, c'est souvent aux dépens des doigts.

MULTIPLICATION DES NOMBRES DÉCIMAUX.

26. La multiplication des chiffres décimaux se fait comme celle des nombres ordinaires sans avoir égard à la virgule; mais une fois l'opération terminée, on sépare, de droite à gauche, autant de chiffres décimaux qu'il y en a dans les deux facteurs.

27. Si l'on n'a pour facteurs que des fractions décimales, abstraction faite de la virgule et des zéros, on fait la multiplication des chiffres significatifs, puis on sépare, à la droite du produit, autant de chiffres décimaux qu'il y en a dans les deux facteurs ensemble; et si ce produit n'en contient pas suffisamment, on écrit à gauche autant de zéros qu'il en faut pour compléter le nombre, et on met, en outre, un zéro aux unités.

Division.

28. Tout produit étant le résultat de la multiplication de deux facteurs, la Division est une opération par

laquelle un produit et l'un des facteurs étant connus on cherche l'autre.

Ainsi, diviser 36 par 6 c'est chercher un nombre qui, multiplié par 6, donne 36 au produit.

29. Le produit se nomme *dividende;* le facteur connu, *diviseur;* et l'inconnu *quotient.*

C'est au diviseur que s'adapte le tableau qui, dans cette opération, ne saurait s'abréger comme dans la multiplication, attendu que l'un des facteurs étant inconnu on ne peut découvrir d'avance les chiffres nécessaires à sa formation.

30. Pour opérer la Division, on place sur une même ligne le dividende et le diviseur; quant au quotient, il s'écrit au bas du tableau.

Modèle de Division.

Soit le produit 97654832 à diviser par le facteur 476 :

	97654832		476 — 1
	952		952 — 2
			1428 — 3
Preuve 3332	2454		1904 — 4
2380	2380		2380 — 5
476			2856 — 6
2380	0748		3332 — 7
0000	476		3808 — 8
952			4284 — 9
	2723		
97654732	2380		4760
100			
97654832	3432		Quotient 205157
	3332		
	100		*

Les termes de la division posés, et le tableau formé comme il est dit au n° 22, je sépare à la gauche du dividende autant de chiffres qu'il en faut pour contenir 476, nombre diviseur, et j'ai pour premier dividende 976. Or, un seul coup d'œil au tableau me laisse apercevoir que le nombre inférieur le plus rapproché est 952, multiple de 476 par 2 ; j'écris donc 2 au quotient et sous le dividende 952.

La soustraction faite et le 5, quatrième chiffre du dividende général descendu à la droite de la différence, j'ai 245 ; mais ce nombre n'étant point dans le tableau , j'écris zéro au quotient, et descendant le 4 suivant, j'ai pour deuxième dividende 2454 ; et comme le tableau me donne à la fois les deux nombres que je cherche, j'écris 5 au quotient, et 2380 sous le second dividende. Enfin , continuant l'opération de la même manière, j'écris successivement au quotient 1, 5 et 7, et sous les dividendes partiels 476, 2380, 3332 , et j'ai 100 pour reste.

Preuve de la Division par la Multiplication.

31. L'opération, telle que nous venons de la faire, est si facile que pour se tromper il faudrait presque le vouloir. Mais cependant la chose étant possible, et la preuve d'ailleurs ne demandant que la dépense de quelques secondes , on la fait de la manière indiquée ci-dessus, c'est-à-dire que se servant du même tableau dont l'exactitude est démontrée et prenant le quotient pour

multiplicateur, on écrit, en leur donnant leur place respective, les lignes ou multiples de 7, 5, 1, 5, 0 et 2(1); puis on fait l'addition, on ajoute le reste, et l'on a pour produit le dividende donné.

Ainsi, pas d'hésitation possible, pas de multiplication et partant de retenues successives, et cela, grâce à un tableau que peut former, sans peine, le plus petit enfant.

DIVISION DES NOMBRES DÉCIMAUX.

32. La division des nombres décimaux s'effectue comme celle des nombres entiers, abstraction faite de la virgule.

Toutefois, si le dividende n'avait pas autant de décimales que le diviseur, il faudrait écrire à sa droite un nombre de zéros suffisant pour égaliser les deux termes.

AUTRE MÉTHODE DE DIVISION.

Observation. — Si l'on a fait des objections contre l'usage du tableau dans la multiplication, alors qu'il pouvait ne se faire qu'en partie, on en fera, en quelque sorte avec plus de raison, lorsqu'il s'agira de la Division; attendu que, ainsi qu'il a été dit, l'un des facteurs étant inconnu, comme on ne peut savoir d'avance

---

(1) Le cinquième produit composé de zéros peut se supprimer; mais alors on a soin de reculer d'un rang vers la gauche le chiffre de droite du produit partiel suivant.

les chiffres dont il sera composé, il devra toujours être fait en entier.

Il est vrai que cette objection ne peut avoir de force que lorsqu'elle vient de ceux qui savent, car ceux qui ne savent pas auront toujours plus d'avantage à employer deux minutes à composer le tableau qu'à perdre un quart d'heure à chercher combien 74 est contenu de fois dans 847; ou bien le produit de 9 par 7, 6 ou 8. Mais comme toutefois il faut, autant que possible, satisfaire tout le monde, voici une seconde méthode qui, tenant le milieu entre les deux autres, pourra être utile à ceux qui tiendraient à éviter et les prétendues longueurs du tableau et les difficultés réelles de la table de Pythagore.

Je la donnerai le plus sommairement possible; car l'expérience nous apprend que deux courts exemples valent souvent beaucoup mieux que quatre longues explications.

33. Il est certain que si le diviseur n'avait qu'un chiffre, la division ne présenterait que peu de difficultés; car, dans ce cas, on n'aurait à le mesurer qu'avec un ou deux chiffres au plus; or, tel est l'avantage de ce nouveau mode de division.

En effet, soit, par exemple, 508768 à diviser par 654; on fait l'opération de la manière suivante :

```
508768          7
4578           654 — 1
─────          ─────────
  5096         3270 — 5
  4578         1308 — 2
─────          ─────────────
  5188          777  +  610
  4578
─────
   610
```

Après avoir disposé les termes de la division : 1° je place au-dessus du diviseur un chiffre plus fort d'une unité que le chiffre de gauche ; c'est-à-dire que, tout en laissant 654 pour base des multiplications successives, je divise par 700 ; 2° j'adapte au nombre 654 le petit tableau indiqué dans la dernière méthode de multiplication, afin de pouvoir en trouver les produits partiels par chacun des chiffres du quotient, sans avoir besoin de recourir à la table de Pythagore ; 3° je sépare par une virgule, sur la gauche du dividende, autant de chiffres qu'il en faut pour contenir 700, diviseur fictif ; puis encore autant qu'il en faut pour contenir 7.

Cela fait, je dis : en 50 combien de fois 7 ? Il y est 7 fois. J'écris donc au quotient 7 ; puis au lieu de multiplier 654 par 7, j'additionne les deux dernières lignes du petit tableau adapté au diviseur, et j'ai pour produit 4578, que je place sous le premier dividende ; je fais là soustraction et j'ai pour différence 509 ; je descends le cinquième chiffre du dividende général et mon dividende partiel est 5096. Je continue ainsi l'opération jusqu'à l'épuisement du dividende général, et comme je trouve toujours 7, je finis par avoir pour quotient : 777 + 610.

Cet exemple suffit, je crois, pour faire connaître cette seconde méthode; par conséquent je vais, en répondant à une question que l'on ne manquera pas de faire, en montrer le côté faible; non pas qu'elle renferme des difficultés, mais seulement quelques longueurs.

34. Pourquoi, me dira-t-on, prendre un chiffre plus élevé que le chiffre de gauche et pourquoi ne pas le prendre lui-même? La raison en est simple : d'abord on comprend que ni l'un ni l'autre ne peuvent, dans tous les cas, donner au quotient le chiffre qui lui convient; car si pour le chiffre réel il peut y avoir défaut de compensation, pour le chiffre fictif, il y a quelquefois excès. Mais cet excès est facile à corriger, tandis que le défaut ne saurait l'être.

Exemple :

```
89476
 748              748 — 1
 ————            3740 — 5
 1467            1496 — 2
 1496            ————
 ————              12
```

En 14 il y a bien 2 fois 7, et cependant deux fois 748 égalant 1496, le produit est trop fort; conséquemment il ne peut se soustraire et il ne reste d'autre moyen que d'effacer et de recommencer. Or, il n'en est pas ainsi en se servant d'un chiffre supérieur.

```
89476
748
───────
    1467
    748
───────
    7196
    5984
───────
    1212
     748
───────
      464
```

```
         8
      748 — 1
     3740 — 5
     1496 — 2
      ───
      118
        1
      ─────────
      119  +  464
```

Les deux premiers chiffres du quotient sont justes; mais 8, le troisième, est trop faible, d'où il suit que le dividende partiel, 1212, est plus fort que le diviseur; mais, pour réparer cette inexactitude, il suffit d'écrire 1 sous le 8, de porter sous 1212 le diviseur 748, d'en opérer la soustraction et l'on a pour différence 464, nombre que l'on aurait eu si l'on avait multiplié 748 par 9. Enfin, lorsque l'opération est terminée, on additionne les chiffres des deux quotients si, toutefois, on peut appeler quotient les quelques unités placées sous le quotient principal.

35. Cependant, comme moins le diviseur est fort, plus ces longueurs sont fréquentes, attendu qu'alors il y a presque toujours excès de compensation, on peut, en grande partie, parer à cet inconvénient en employant le moyen suivant :

Si le premier chiffre de gauche est 3 on multiplie les deux facteurs par 2 ; si c'est 2 on le multiplie par 3 ; et enfin, si c'est 1, on le multiplie par 5 en se servant, à cet effet, des méthodes indiquées plus haut.

De cette manière, la valeur des facteurs n'étant pas changée, on obtient le véritable quotient ; et, quant au reste, on le divise par le nombre dont on s'est servi pour multiplier.

Un seul exemple permettra de reconnaître l'efficacité de ce moyen.

				3
Soit à diviser :	94854	par	216	— 1
	648		1080	— 5
			432	— 2
	300		326	
	216		111	
	845		1	
	432		1	
	413		439 + 30	
	216			
	1974			
	1296			
	678			
	216			
	462			
	216			
	246			
	216			
	30			

Comme on le voit ici, s'il n'y a pas de difficultés réelles, il y a du moins des longueurs beaucoup trop nombreuses; or, en multipliant les deux facteurs par 3, on obtient le résultat suivant :

94854	216
189708	432
———	———
284562	7
2592	648 — 1
———	3240 — 5
2536	1296 — 2
1944	———
———	438
5922	1
5184	———
———	439 + 30
738	
648	
———	

Reste à diviser par 3 90
——————
30

OBSERVATION. — Lorsque le chiffre de gauche du diviseur réel est 9, le diviseur fictif est 10, ce qui, loin d'être un embarras, rend l'opération plus facile.

Ainsi, pour la division comme pour la multiplication, il y a deux méthodes : l'une, pour les grandes opérations et l'autre pour les petites.

TROISIÈME PARTIE.

MOYEN POUR DÉCOUVRIR OU EST L'ERREUR DANS UNE DIVISION MAL FAITE.

Nota. — La preuve dite par 9 étant nécessaire pour rendre ce moyen plus facile, nous allons en exposer les règles :

PREUVE PAR 9.

36. La preuve par 9, pour la multiplication, se fait en additionnant tous les chiffres du produit et de chacun des facteurs, jusqu'à ce que tous les trois, ils soient individuellement réduits à l'unité simple.

Exemple :

On veut faire la preuve d'une multiplication dont le multiplicande est 8746 ; le multiplicateur, 35, et le produit 306110 : 1° on additionne ensemble les chiffres du multiplicande et l'on trouve 25 ; mais comme il faut que le facteur soit réduit à l'unité simple, on additionne de nouveau et l'on a 7 ; 2° on additionne le multiplicateur 35, qui donne 8 ; 3° enfin, on réunit les chiffres du produit, et le premier total 11 se réduit à 2.

Application de la règle.

Soit à faire, d'une manière pratique, la preuve de la multiplication suivante :

$$
\begin{array}{ccc}
2 & 521 & 5 \\
1793094 \longrightarrow & 896547 \longrightarrow & 4482735 \\
& 1793094 & \\
& 4482735 & \\
\hline
& 467100987 &
\end{array}
$$

1° On trace une croix ; 2° on additionne les chiffres du multiplicateur et l'on trouve 8 que l'on place dans la partie supérieure de la croix ; 3° on additionne le multiplicande et l'on trouve pour premier résultat 39, pour second, 12, et pour troisième, 3, que l'on écrit dans la partie inférieure de la croix ; 4° on multiplie ces deux chiffres l'un par l'autre, et comme le produit 24 donne 6 par l'addition, on le porte à droite ; 5° enfin, on additionne le produit, et si l'opération est juste, la dernière somme trouvée et que l'on écrit à gauche doit être égale à celle qui lui fait face.

Or, c'est ce qui a lieu dans l'exemple donné.

Preuve pour la Division.

Cette preuve se fait comme pour la multiplication ; c'est-à-dire, on additionne d'abord le diviseur ; ensuite le quotient ; enfin le dividende. Ayant soin, toutefois, si la division a un reste, de le soustraire du dividende avant d'en additionner les chiffres.

NOTA. — Cette preuve est loin d'être infaillible; mais comme cependant, pour qu'elle puisse induire en erreur il faut s'être trompé au moins deux fois, elle est, en général, d'une assez grande utilité.

37. Lorsque la preuve démontre qu'une division est fausse, jusqu'à présent, je crois, on n'a eu d'autres ressources que celle de recommencer. Or, voici un moyen pouvant, dans un grand nombre de cas, sinon enlever entièrement la peine, du moins abréger le travail.

Exemple :

Preuve.

8765	49	532 — 1	3724
532		1064 — 2	2128
3445		1596 — 3	3192
3192		2128 — 4	532
253	4	2660 — 5	876204
212	8	3192 — 6	335
40	69	3724 — 7	876539
37	24	4256 — 8	
		4788 — 9	
Reste 3	35	5320	
Quotient . .		1647	

Dès que l'on a constaté une erreur, on commence par s'assurer au moyen de la preuve par 9, si elle n'est pas dans la multiplication; et, lorsque l'on a reconnu l'exactitude de cette dernière, comme alors elle est nécessairement dans la division, on examine la nature du chiffre sur lequel elle repose; et traçant, à partir de celui du dividende dont il est le correspondant et sur sa gauche, une ligne qui sépare tous les chiffres du même ordre que celui que l'on considère, la partie gauche est saine et la faute est à droite, tout à côté de la ligne.

Ainsi, dans l'exemple ci-dessus, d'après la position de la ligne, je conclus que tous les chiffres du quotient sont justes et que la faute est dans le reste. En effet, en remontant au dernier dividende, je trouve une erreur de soustraction, car si de 6 on ôte 2, il doit rester 4 et non pas 3.

Mais l'erreur peut se trouver sur les centaines, sur les mille, les dizaines de mille ou les centaines de mille, et plus elle s'avance vers la gauche, plus il y a de chiffres faux dans le quotient. Toutefois, dans le plus grand nombre de cas, on peut réparer la faute en ajustant un morceau de papier blanc et corrigeant le dessous sans toucher au-dessus. Mais si la ligne laisse toute l'opération à sa droite, le plus court est de recommencer.

Il est inutile de dire que, quoique cette règle puisse s'appliquer à la division faite par toute méthode écrite, elle n'est réellement facile et avantageuse que dans celle-ci, à cause du tableau.

APPENDICE.

—

MÉTHODE RAISONNÉE POUR REMPLACER LA TABLE DE PYTHAGORE
DANS LES CALCULS DE TÊTE.

IL est une objection faite avec raison à toutes les
méthodes n'ayant pas pour base la table de Pythagore ;
c'est que, en en faisant un continuel usage, on perd
entièrement la faculté de trouver le multiple d'une unité
simple par une autre unité simple, 6 fois 9 par exemple,
lorsque, hors de son bureau, on se trouve dépourvu de
plume ou de crayon.

Or, il est assez facile d'échapper à cette objection,
comme je vais le prouver.

Je ne parlerai pas des premiers nombres : 2, 3, 4,
lorsqu'ils ne sont combinés qu'entre eux ; car le plus
petit enfant sait que, 2 fois 2 font 4 ; 2 fois 4, 8 ; 3 fois
4, 12 ; 4 fois 4, 16.

Il me paraît également inutile, et pour la même raison, d'en parler quand ils deviennent multiplicateurs
d'une unité plus forte, comme par exemple 3 fois 8 ; 4
fois 7, d'autant plus qu'alors ils rentrent dans les règles
que je vais exposer.

Toute la difficulté repose donc sur les chiffres : 5, 6,
7, 8 et 9, dont chacun formera une série.

1re Série, 5.

Pour multiplier mentalement un nombre quelconque par 5, il suffit d'ajouter à ce nombre un zéro et d'en prendre ensuite la moitié.

Ainsi, j'ai 5 fois 5, 5 fois 6, 5 fois 7, 5 fois 8. En ajoutant un zéro à chacun des chiffres multiplicandes, j'ai 50, 60, 70 et 80, dont la moitié est 25, 30, 35 et 40.

La raison de cette opération est bien simple; en ajoutant un zéro à 5, 6, 7 et 8, je les multiplie par 10; mais comme mon multiplicateur n'est que 5, j'en prends la moitié.

2e Série, 6.

Lorsque le multiplicateur est 6, je considère ce nombre comme composé de 5 et de 1. Pour 5, j'agis comme dans la première série; et pour 1, j'ajoute au produit une fois le multiplicande.

Soit donc, 6 fois 6, 6 fois 7, 6 fois 8. Pour 5, j'ai comme plus haut 30, 35 et 40; mais si à 30, j'ajoute le multiplicande 6; à 35, le multiplicande 7; à 40, le multiplicande 8; j'ai 36, 42 et 48.

3e et 4e série, 7, 8.

On suit pour 7 et pour 8 la marche indiquée pour 6, en ajoutant au produit par 5 : pour 7, 2 fois le multiplicande; et pour 8, 3 fois; puisque le premier se compose de 5 et de 2; le second, de 5 et de 3.

Pour 7 fois 7, j'ai $35 + 14 = 49$; pour 7 fois 8 : $40 + 16 = 56$; pour 8 fois 8 : $40 + 24 = 64$ (1).

Ainsi de ce que je viens de dire, il s'ensuit, qu'en règle générale (à part 2, 3, 4, (2) lorsqu'ils ne sont combinés qu'entre eux et le nombre 9, pour lequel nous donnons un autre mode de multiplication), quelle que soit l'unité simple que l'on ait à multiplier par une autre unité simple, il faut toujours considérer le multiplicateur comme 5; ou $5 + 1$; $5 + 2$; ou $5 + 3$, et conséquemment, toujours multiplier le multiplicande par 10; en prendre la moitié et ajouter à cette moitié

---

(1) Pour 5 et pour 6, c'est on ne peut plus facile; pour 7 et pour 8, il y a peut-être un peu plus de difficultés. Mais, comme on le voit, 7 n'est multiplicateur que 2 fois : 7 fois 7 et 7 fois 8; et 8 une seule fois, 8 fois 8. Car 7 fois 6 ou 8 fois 6 rentreraient dans les séries précédentes.

(2) Pour que la règle fût générale dans toute la rigueur du terme, il faudrait qu'elle fût appliquée aux nombres 2, 3 et 4, ce qui est très-facile, mais dans un sens inverse : c'est-à-dire que, si ayant 6 pour multiplicateur on doit ajouter à la moitié une fois le multiplicande, si l'on avait 4, au lieu d'ajouter il faudrait soustraire; et alors la règle pourrait se formuler ainsi : lorsque deux nombres doivent être multipliés l'un par l'autre, on multiplie le multiplicande par 10, et l'on en prend la moitié qui est toujours le produit cherché lorsque le multiplicateur est 5; mais si le multiplicateur est 6, 7 et 8, ou 2, 3, 4, dans le premier cas il faut ajouter une, deux ou trois fois le multiplicande, et dans le second, le soustraire.

autant de fois le multiplicande qu'il y a dans le multiplicateur d'unités au-dessus de 5.

Exemple :

5 fois 2; 5 fois 4; 5 fois 7; 6 fois 3; 6 fois 8; 7 fois
4 ; 8 fois 5.

Je dis : 1° 20 — 10; 2° 40 — 20; 3° 70 — 35;
4° 30 — 15 + 3 = 18; 5° 80 — 40 + 8 = 48; 6° 40 —
20 + 8 = 28 ; 7° 50 — 25 + 15 = 40.

OBSERVATION. — Pour plus de simplicité et acquérir en
peu de temps une grande habitude de cette méthode,
il faut observer ce qui suit :

Chaque fois il faut multiplier le multiplicande par 10,
et en prendre ensuite la moitié, cela ne change jamais ;
mais ce qui change c'est l'addition du multiplicande à
cette moitié, puisque cette addition est d'une fois. dans
6; de deux fois dans 7; de 3 fois dans 8. Par conséquent, afin d'éviter toute confusion, il faut commencer
par mettre en réserve le nombre plus ou moins fort que
l'on doit ajouter à la moitié :

Exemple :

J'ai 7 fois 8. Comme dans 7 il y a deux unités au-
dessus de 5, j'aurai 2 fois 8 à ajouter à 40, moitié de
80. Eh bien, je commence par mettre ce nombre 16 en
réserve, puis je multiplie le multiplicande par 10, j'en
prends la moitié et j'y ajoute, sans la moindre hésitation, mon nombre réservé.

4

Soit donc 7 fois 6, 8 fois 4 ; je dis : 2 fois 6, 12, réserve; 60 — 30 — 42. — 3 fois 4, 12, réserve; 40 — 20 — 32.

5e Série, 9.

On comprend que la même règle peut s'appliquer à 9, qui, lui aussi, n'est multiplicateur qu'une fois dans 9 fois 9. Mais comme il faut ajouter au résultat par 5, quatre fois le multiplicande 9, c'est-à-dire 36, on peut, à son égard, suivre une autre marche.

En effet, toutes les fois que 9 est l'un des deux facteurs, qu'il soit ou non multiplicande, on ne s'en occupe pas ; seulement on multiplie par 10 l'autre nombre que l'on soustrait ensuite une fois du produit.

Ainsi, soit 5 fois 9, 7 fois 9, 4 fois 9 ; laissant le 9 de côté, je multiplie 5, 7 et 4, par 10, et soustrayant ensuite 5 de 50, 7 de 70, 4 de 40 ; j'ai 45, 63 et 36.

Enfin, il est encore un moyen : de 1 à 90 il y a 9 dizaines; or à chaque dizaine, de la première à la neuvième, 9 perd une unité, c'est-à-dire que dans la première c'est 9; mais dans la seconde 8-18; dans la troisième, 7-27; dans la quatrième, 6-36; dans la cinquième, 5-45; dans la sixième, 4-54; dans la septième, 3-63 ; dans la huitième, 2-72; et dans la neuvième, 1-81. Or, au moyen de cette observation, si l'on ne peut mieux faire, on a bientôt trouvé le produit que l'on cherche. En effet, on veut savoir le multiple de 9, par 6; puisque à chaque dizaine le produit descend d'une unité, on dit en comptant sur ses doigts jusqu'à 6 : 9, 18, 27, 36, 45, 54.

Au premier coup d'œil, cette méthode peut paraître embrouillée quoiqu'elle soit de la plus parfaite simplicité; mais si l'on veut bien employer à son étude le dixième du temps qu'exige celle de la table de Pythagore, on se convaincra qu'elle est d'autant plus avantageuse que, pour elle, la mémoire sert peu et le jugement beaucoup.

Je dirai plus ; non-seulement ce moyen est avantageux pour remplacer la table de Pythagore dans le calcul de tête, calcul toujours isolé, mais il l'est encore dans son application à la multiplication écrite, ainsi que je vais le démontrer en peu de mots, sauf à y revenir plus tard, si l'accueil qu'on lui fera me donne la conviction que je ne me suis pas trompé.

Nous avons dit qu'en règle générale, pour obtenir le multiple d'une unité par une autre unité, il faut : 1° multiplier par 10 l'unité multiplicande et ensuite prendre la moitié du produit, et qu'alors si le multiplicateur est 5, le nombre trouvé est toujours le nombre cherché; 2° que si le multiplicateur est 6, 7, 8, etc., il faut ajouter à la moitié du produit une fois le multiplicande pour 6; deux fois pour 7; trois fois pour 8, et que si au contraire c'est 4, 3, ou 2, il faut le soustraire : une fois pour 4; deux fois pour 3, et trois fois pour 2.

Soit donc à multiplier 87643 par 65 :

87643 par 65
—————————
438215
525858
—————————
5696795

J'ai pour premier chiffre multiplicateur 5, et dès l'instant que je le sais, je n'ai plus à m'en occuper; mais passant au multiplicande, je dis 30-15, je pose 5 et retiens 1 ; 1 de retenue 40, 20-21 je pose 1 et retiens 2; 2 de retenue 60, 30-32, je pose 2 et retiens 3 ; 3 de retenue 70, 35-38, je pose 8 et retiens 3; 3 de retenue 80, 40-43.

Mon second chiffre est 6, et comme 6 se compose de 5 et de 1 j'aurai une fois le multiplicande à ajouter à la moitié du produit. Laissant donc de côté ce chiffre multiplicateur et ne m'occupant que du multiplicande, je dis : une fois 3, 30-15-18 je pose 8 et retiens 1 ; une fois 4 et 1 de retenue 5, 40-20-25 je pose 5 et retiens 2; une fois 6 et 2 de retenue 8, 60-30-38 je pose 8 et retiens 3; une fois 7 et 3 de retenue 10, 70-35-45, je pose 5 et retiens 4; une fois 8 et 4 de retenue 12, 80-40-52.

Si j'avais 8 ou 9, j'agirais de la même manière en ajoutant à la moitié du produit trois ou quatre fois le multiplicande.

Si j'avais, au contraire, 4, 3 ou 2, ou ces chiffres ne seraient combinés qu'entre eux, et alors, comme nous l'avons dit, la multiplication serait trop facile pour avoir besoin de la règle; ou ils seraient combinés avec 5, 6, 7, etc., et alors je pourrais en renverser les termes, c'est-à-dire faire de 2 fois 7, 7 fois 2, ce qui rentrerait dans la règle donnée pour les chiffres au-dessus de 5, ou bien je suivrais la règle générale, ayant soin, au lieu d'ajouter le multiplicande, de le soustraire une, deux ou trois fois.

Je m'arrête, car je n'ai eu d'autre intention que de donner un simple aperçu d'une méthode que peut-être je développerai plus tard.

Ma tâche est terminée, et je ne dirai plus qu'un mot. Si cette méthode paraît avoir des longueurs ce ne sera certainement qu'aux yeux du peu de personnes qui n'en ont pas besoin; mais, pour les autres, et elles sont nombreuses, elle sera certainement courte, quel que soit le temps employé; car une méthode est toujours courte lorsqu'elle rend facile ce qui, auparavant, était impossible.

Petite histoire.

Un général inspecteur passait la revue d'un régiment. Arrivé devant la 1re compagnie il dit à l'officier commandant :

— Monsieur, faites l'appel de vos hommes.

L'officier prend son calepin et se dispose à obéir.

—Comment, Monsieur....., vous avez besoin d'un calepin pour faire l'appel des hommes de votre compagnie !.....

— Mais, mon général, je ne saurais jamais retenir tous leurs noms.

— Tant pis, pour être un bon officier il faut avoir bonne mémoire. Et, sans vouloir agréer aucune excuse, il passe à la 2ᵉ compagnie, et là, comme on le pense bien, même demande, même réponse, mêmes reproches.

Or, la 4ᵉ compagnie était commandée par un tout jeune sous-lieutenant qui, s'apercevant de l'animation des gestes du général, s'était approché, à pas de loup, pour en connaître le motif; et, ainsi prévenu à temps, il dit à ses soldats :

— Enfants! vous le savez, je suis un bon diable; je ne vous rends pas le pain de munition trop amer, et la salle de police, la consigne, ne sont dans mes mains qu'une arme défensive dont je ne me sers qu'à regret; si donc vous avez pour moi tant soit peu d'attachement, le moment est venu de m'en donner la preuve. Le général inspecteur exige que chaque officier fasse, de mémoire, l'appel de ses hommes; or, si je vous porte tous dans mon cœur, pas un de vous n'est dans ma tête; par conséquent donc, quel que soit le nom que je prononcerai, chacun, en commençant par la droite, répondra : *présent*. Voici le général, attention !....

En effet, le général arrivait devant la 4ᵉ compagnie.

— Monsieur l'officier, dit-il, faites l'appel de vos hommes.

Alors, notre sous-lieutenant se plaçant à quelques pas en avant du centre de sa troupe, fit, avec une assurance bien capable d'en imposer, un appel fantastique où se trouvait une foule de noms qui, très-certainement, n'avaient jamais figuré dans la matricule d'un régiment.

— Fort bien! dit le général, lorsque l'appel fut terminé, à la grande satisfaction du sous-lieutenant dont le magasin *nominal* était épuisé; fort bien! monsieur, je suis content de vous; colonel, vous porterez cet officier sur le tableau d'avancement.

Or, cet officier était un homme de cœur et d'honneur, et ce n'était pas sans éprouver une véritable peine qu'il se trouvait ainsi sous le *poids* d'un éloge qu'il savait bien n'avoir pas mérité. Aussi, quelques heures après, voyant le général se promener seul dans l'intérieur de la caserne, il fut droit à lui.

— Bonjour, sous-lieutenant, lui dit avec bonté cet officier supérieur, vous venez peut-être me remercier de ce que je veux avoir soin de vous?

— Non, mon général, répliqua vivement notre jeune homme, en s'inclinant et portant la main droite au schako, je viens, au contraire, m'excuser.

— Vous excuser! et de quoi?

— Mon général, vous m'avez donné des éloges dont je ne suis pas digne.

— Comment?

Alors le sous-lieutenant lui conta la ruse qu'il avait employée et le supplia de vouloir bien lui pardonner cette étourderie.

— Parbleu, monsieur, si vous manquez de mémoire vous ne manquez pas d'esprit!

— Oh! mon général, la mémoire ne me manque pas plus que l'esprit ne fait défaut à mes camarades; mais j'étais prévenu et eux ne l'étaient pas; or, la surprise est bien capable de déconcerter la plus solide mémoire. Mais, tenez, mon général, voici, à quelques pas de nous, un sergent, c'est le premier instructeur du régiment et peut-être même de France; eh bien! veuillez l'appeler et lui demander, tout d'un coup, quel est le septième temps de la charge.

Le général appela le sous-officier qui s'approcha avec respect mais sans timidité.

— Vous êtes instructeur, sergent?

— Oui, mon général.

— Depuis longtemps?

— Vingt-cinq ans, mon général.

— Eh bien! quel est le septième temps de la charge?

— Le septième temps de la charge...... attendez, mon général...... *portez armes......*

— Ah! farceur! si tu commences, ce ne sera pas difficile.

— Alors!..... pardon excuse!..... mon général, voudriez-vous bien me dire quelle est la dix-septième lettre de l'alphabet?

— La dix-septième lettre de l'alphabet..... attends..... *a, b, c.*

— Ah! parbleu, mon général, si vous commencez, ce ne sera pas malin!

Le général rit beaucoup et comprit que l'on peut être un bon officier, un excellent instructeur, un vaillant général, sans savoir, dans un moment de presse ou de surprise, le nom des hommes de sa compagnie, le septième temps de la charge ou la dix-septième lettre de l'alphabet.

Or, on peut aussi, je crois, être un orateur célèbre, un prédicateur distingué, un philosophe profond, un littérateur sans égal, et cependant hésiter..... reculer même..... devant un *sept fois neuf* tiré à bout portant.

TABLE DES MATIÈRES.

	pages
Avis essentiel..	3
Opérations arithmétiques........................	7
Addition..	7
Preuve de l'addition..............................	10
Soustraction.......................................	12
Preuve de la soustraction........................	16
Multiplication.....................................	17
Formation pratique du tableau....................	19
Preuves du tableau................................	21
Application du tableau à la multiplication.........	23
Preuve de la multiplication......................	24
Réponses à quelques objections..................	26
Divers moyens pour simplifier le tableau.........	27
Multiplication des nombres décimaux..............	32
Division...	32
Modèle de division................................	33
Preuve de la division par la multiplication........	34
Division des nombres décimaux...................	35
Deuxième méthode de division....................	35
Moyen pour découvrir l'erreur dans une division mal faite..	42
Preuve par 9 pour la multiplication...............	42
Application de la règle...........................	43
Même preuve pour la division.....................	43
Méthode raisonnée pour remplacer avantageusement table de Pythagore, dans les calculs de tête.....	46
Petite histoire....................................	53

FIN.